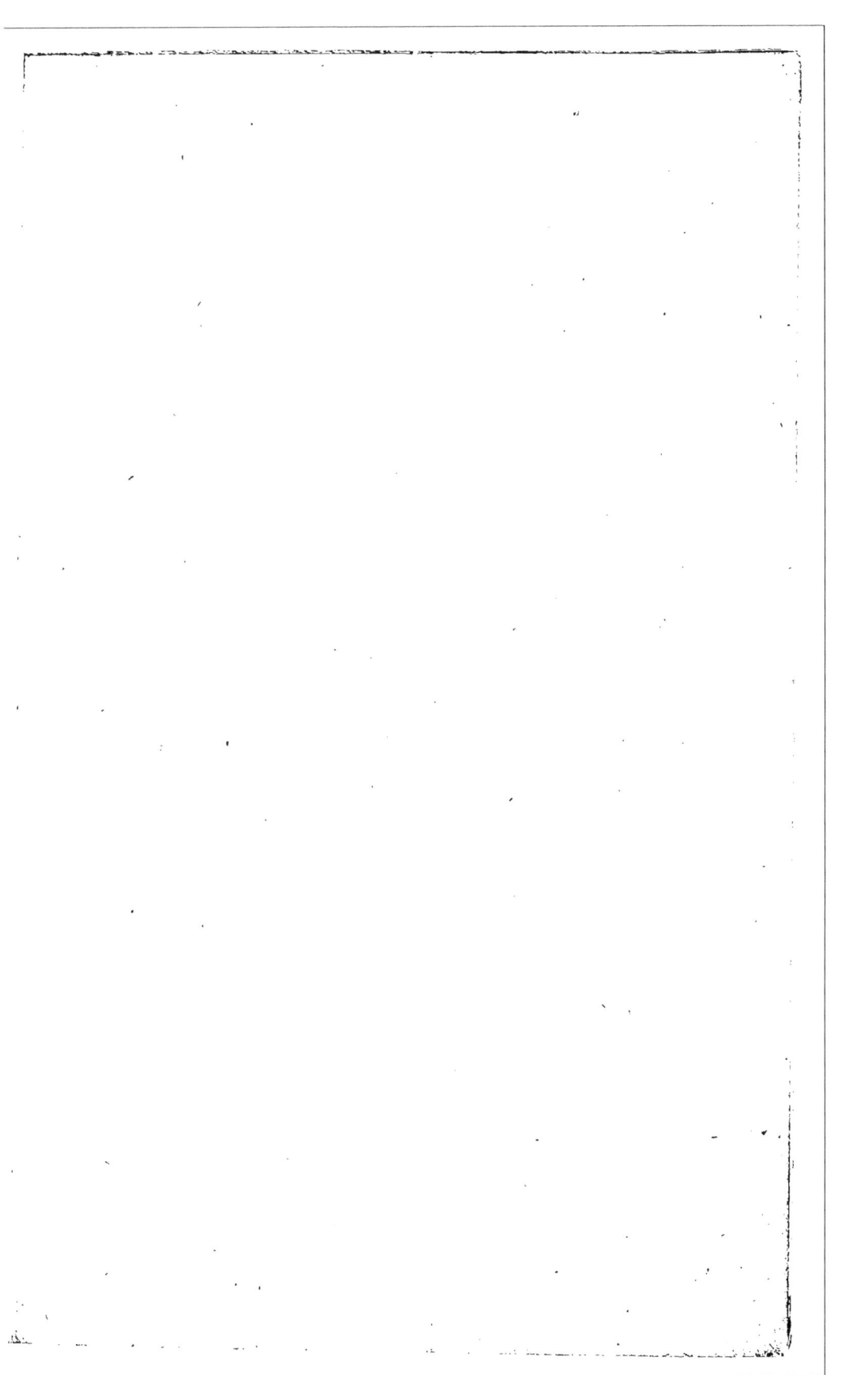

28612

LE

BUREAU VERITAS

A

SES ABONNÉS.

PARIS,

IMPRIMERIE D'AD. BLONDEAU, RUE RAMEAU, 7,

(PLACE RICHELIEU).

—

1845.

LE

BUREAU VERITAS

A

SES ABONNÉS.

Une note remplie d'insignes attaques contre le Registre *Veritas*, a été publiée, le 18 septembre dernier, en supplément à un journal belge. Cette note, répandue à profusion dans tous les ports de France et de l'étranger, est un extrait de la préface d'un ouvrage que vient de publier M. Auguste Morel, et qu'il annonce devoir être une concurrence au Registre *Veritas*.

Une concurrence loyale, c'est-à-dire un ouvrage qui publierait, comme le nôtre, le résultat de visites faites par des capitaines experts ne nous aurait nullement alarmés. Forts de l'expérience que nos experts et nous, avons acquise depuis 17 ans, nous eussions accepté la lutte avec confiance. Contre une concurrence déloyale, qui n'est qu'une copie mal déguisée de nos renseignements, les lois qui régissent la propriété sont les seules armes que nous puissions employer (1).

Il nous sera très facile de prouver que le livre de M. Morel, qu'il a appelé registre *Integritas*, est une copie ou contrefaçon du registre *Veritas*, et nous le ferons tout à l'heure de la manière la plus évidente. Mais nous croyons utile de répondre d'abord aux insinuations et aux accusations de toutes sortes qui se trouvent dans la préface du registre *Integritas*, et de les réduire à leur juste valeur.

Une accusation absurde, à laquelle M. Auguste Morel attache une grande importance, est celle où il prétend : « que la classification du Registre *Veritas* est *toute méca-* « *nique*, et que, la visite date-t-elle de 5, 6, 7 ou 8 ans, « la classification reste toujours la même, et qu'il n'est pas « rare de voir un navire coté 1. 1. 3 T. depuis 1838, 1839 « ou 1840, qui, revisité aujourd'hui, serait trouvé ne mé- « riter aucune confiance. »

Cette accusation ne peut avoir quelque poids qu'aux yeux des personnes qui n'ont jamais eu besoin de nos renseignements. Tous nos abonnés savent qu'ils ont toujours à consulter, en même temps que la cote d'un navire, la date de la dernière visite ; si cette date est ancienne, c'est à eux à apprécier jusqu'à quel point cela peut modifier le degré de confiance que nous indiquons. Pourrait-il, en effet, nous être permis d'abaisser arbitrairement la cote d'un bâtiment, parce qu'il ne se sera pas présenté, pendant

---

(1) Une plainte en contrefaçon a été déposée par nous au parquet de M. le procureur du roi, près le tribunal de 1re instance de la Seine ; l'absence de notre conseil nous avait fait différer le dépôt de cette plainte, ainsi que la publication de cette réponse.

AUJOURD'HUI, 20 OCTOBRE 1845, LE REGISTRE INTEGRITAS A ÉTÉ SAISI AU DOMICILE DE L'AUTEUR, SUR ORDONNANCE DU PROCUREUR DU ROI.

trois ans, dans aucun des ports où nous avons des capitaines experts? Mais tel navire qui ne vaut aujourd'hui que 2 T, peut valoir 3 Q. dans trois ans, s'il a été bien réparé. Si nous agissions ainsi, nous nous exposerions à tout instant à induire nos abonnés en erreur, et à recevoir des plaintes des armateurs qui savent que, jusqu'à ce jour, nous n'avons jamais fixé la cote d'un navire sans avoir eu de notre expert un rapport détaillé contenant beaucoup plus de renseignements que nous ne pourrions en publier. On comprend que M. Morel n'a pas eu une crainte aussi puérile. Son Registre *Integritas* contient 27,321 navires dont 20,000 environ sont empruntés au *Veritas* et à ses Suppléments, et 7,000 au *Shipping Register* de Londres. Il ne met nulle part, *et pour cause*, la date de la visite, et pour prouver combien nos renseignements sont arriérés et erronés, il annonce que sur ses 27,321 navires, il n'en cote que 250 de la première classe, 663 de la seconde, et 5,880 de la troisième, reléguant tous les autres dans la classe des mauvais navires, dont la proportion est, selon lui, de 75 pour cent !

M. Morel, pour justifier son système, qui lui fait trouver tous les navires mauvais, ajoute « *que nous nous trouvons sur une pente de dégénération qui doit nous conduire un jour à ne plus trouver aucun mauvais navire* », et il signale, à l'appui de son assertion, la diminution progressive du nombre des mauvais navires dans le Registre *Veritas*.

La notice que nous avons publiée l'année dernière, nous dispense de répondre à cette autre accusation ; nous croyons avoir démontré suffisamment l'influence que la publication de nos renseignements exerce sur la marine marchande, et l'amélioration qui en a été le résultat. La circulaire que nous avons publiée récemment à ce sujet, ne peut laisser aucun doute dans l'esprit de nos abonnés. Il suffit de comparer l'état actuel de la marine marchande à ce qu'elle était il y a quinze ans ; et , pour rechercher la cause des améliorations qu'elle a subies depuis cette époque, on peut interroger les armateurs sur le motif du changement qui s'est manifesté dans la construction et surtout dans l'entretien de leurs bâtiments. Les faits parlent ici pour nous.

M. Morel prétend que depuis qu'il a quitté le Bureau *Veritas*, notre registre est resté stationnaire, et il attribue cet état de choses à des changements successifs survenus dans notre administration. Il dit plus loin qu'il a vainement tenté de remettre sur la bonne voie ceux qui *étaient sortis de l'ornière que lui*, *M. Morel*, *avait si péniblement* CREUSÉE *de* 1828 *à* 1831.

A ceci nous répondrons que M. *Charles Bal,* aujourd'hui l'un des gérants du Bureau *Veritas,* et l'un des directeurs de la Compagnie d'assurances maritimes le *Lloyd Français,* était seul chargé de la rédaction du registre en 1830, quoiqu'à cette époque M. Morel fît encore partie de notre administration ; et depuis ce moment, il n'a pas cessé de diriger ce travail. Il n'a pas eu besoin d'une expérience de quinze ans pour songer seulement aujourd'hui à introduire dans notre publication toutes les améliorations dont elle est susceptible. Ces améliorations, il les a toujours eu présentes à l'esprit, et nous les avons réalisées chaque fois que l'augmentation de nos abonnés nous permettait de le faire. C'est ainsi que depuis le départ de M. Morel, le nombre de nos capitaines experts a été doublé. Au surplus, tous nos abonnés de fondation savent si le registre de cette année ressemble à ce qu'il était en 1829.

Nous n'ignorons pas que notre publication ne sera réellement complète que lorsque nous aurons établi des capitaines-experts dans tous les ports importants du continent, et nous

ne négligerons rien pour atteindre ce but le plus prompte-
ment possible.

Le port de Trieste a déjà reçu, depuis plusieurs mois, un
établissement d'expert (nous y avons choisi M. Gaspard
Tonello, professeur de construction navale à l'Académie de
Trieste, et il sera assisté d'un capitaine de navire en re-
traite). (1). Nos agents de Naples ont aussi, depuis quelques
mois, des instructions pour y choisir un expert, de concert
avec les assureurs; sous peu, les ports de Venise, Livourne,
Barcelone, Cadix, Santander, Brême, Stettin, etc., et plusieurs ports secondaires de la France, recevront successivement des établissements d'experts.

En outre, pour donner aux travaux de nos capitaines-experts tout le développement désirable, et surtout pour introduire dans l'appréciation de la cote des navires toute
l'uniformité possible, nous avons chargé M. *Alex. Durand*,
d'Anvers, un de nos plus anciens capitaines-experts, de la
surveillance et de l'inspection des travaux d'expertise. Ces
inspections, commencées au mois de mars dernier, se re-
nouvelleront tous les ans, et produiront, nous en sommes
certains, les meilleurs résultats.

On voit que toutes ces améliorations ont été réalisées
successivement et sans que, pour cela, nous ayons eu besoin d'aucun moyen stimulatoire.

Nous n'avons jamais reculé devant aucun sacrifice, mais
on comprendra facilement que l'établissement d'un aussi
grand nombre de capitaines-experts ne pouvait avoir lieu
partout à la fois.

Maintenant nos abonnés jugeront si c'est avec justice que
l'on peut nous faire le reproche d'être restés stationnaires ;
il est vrai que nous avons toujours dédaigné les moyens

---

(1) Le 9e supplément contient déjà plusieurs navires visités dans
ce port.

qui, le plus souvent, ne sont mis en usage que par le char-
latanisme; aussi, ne chercherons-nous pas à nous justifier
du reproche que fait M. Morel à notre circulaire, de n'avoir
été écrite qu'à une distance de quatorze ans et trois mois
de notre lettre n. 25, du 5 mars 1831.

M. Morel rappelle, dans sa note, la protestation que nous
lui avons adressée au mois d'avril dernier lorsqu'il a fait
paraître l'annonce de son registre *Integritas;* il ajoute que
cette protestation n'a eu pour but que de l'effrayer, mais
qu'il n'en a tenu aucun compte, puisque dès ce moment il
n'a cherché qu'à accélérer la publication de son ouvrage
et à rendre son travail infiniment plus complet.

« Le 23 avril, dit **M.** Morel, nous avions promis le re-
« gistre *Integritas* pour le 31 décembre, *et le mois de sep-
« tembre n'était pas encore commencé, qu'il était déjà ter-
« miné.* Nous avions annoncé 25,000 navires, et nous en
« donnons près de 30,000. Notre intention primitive avait
« été de n'éloigner aucun souscripteur du registre *Veritas,*
« mais aujourd'hui que nos *intentions ont été méconnues,*
« nous irons infiniment plus loin ; et, encouragé ou non en-
« couragé par le commerce maritime, nous annonçons pour
« le 1ᵉʳ septembre 1846 notre deuxième édition du *Manuel
« de l'Assureur,* qui renfermera de 35 à 40,000 navires. »

« En attendant, préparons le canevas du plaidoyer de
« l'avocat, qui devra convaincre les Tribunaux que le re-
« gistre *Integritas* n'est nullement une contrefaçon, mais
« bien un *perfectionnement* du registre *Veritas.* »

Plus loin, M. Morel donne un tableau qui constate que le
registre *Integritas* contient 10,000 navires de plus que le
registre *Veritas* (1), et il s'écrie :

_____

(1) Tout en copiant nos suppléments dont les navires sont compris
dans son chiffre de 27,000, il ne parle que de 18,000 navires que ren-
ferme le *Veritas,* en passant sous silence les 2,000 de ses suppléments.

« Il nous semble qu'*en voilà bien plus qu'il n'en faut* pour
« faire tomber à plat la fausse accusation (l'accusation de
« contrefaçon) du *Bureau Veritas ;* en dire davantage, ce
« serait abuser de notre position, et notre intention n'est
« nullement de l'écraser. »

La note de M. Morel est tellement diffuse, et les contra-
dictions de toute espèce y fourmillent à tel point, qu'il
nous est fort difficile d'y répondre avec ordre ; ce que nous
venons d'en citer peut en donner une idée.

Disons simplement qu'il est impossible qu'il ait pu , dans
l'espace de cinq mois, faire visiter 30,000 navires, opérer
le dépouillement des tableaux de ses experts et faire impri-
mer son livre. Il est évident qu'il n'a eu que cette dernière
partie de la besogne à faire et un autre travail qui consiste
à donner une autre cote aux trois quarts des navires qu'il
a copiés. Mais ce n'est pas tout, plusieurs milliers de ces
bâtiments n'existent plus (nous en donnons la preuve plus
loin), et il en est un nombre considérable qui ne sont pas
revenus en Europe depuis deux ou trois ans. Tout cela n'em-
pêche pas M. Morel de croire fermement qu'il en a dit *plus
qu'il n'en fallait* pour faire tomber à plat notre fausse accusation.

Arrivons maintenant aux preuves du délit de contrefaçon
dont nous accusons M. Auguste Morel, et prouvons ce que
nous avons avancé.

Dans la prévision de la réalisation de ses projets, avertie
d'ailleurs par une contrefaçon tentée en 1838 sous le nom
de *Veritas Marseillais*, l'administration du *Bureau Veritas* a
cru devoir prendre des mesures qui pussent, en cas de besoin, dévoiler toute contrefaçon de la manière la plus évidente.

Plusieurs navires imaginaires, sous des noms qui ne peuvent, en aucune façon , compromettre l'ouvrage , figurent

dans le Registre *Veritas*. Le contrefacteur (ici du moins nous pouvons le nommer ainsi) les a tous reproduits, mais il en a modifié la cote, et il a même ajouté qu'ils faisaient la navigation de la Manche. De plus, il a copié un certain nombre de navires perdus ou démolis de 1840 à 1843, et qui figurent encore sur le *Veritas* de 1845.

Disons à ce sujet que, dès le mois de janvier dernier, des moyens de vérification que nous n'avions pas eu à notre disposition jusqu'à ce jour, nous ont permis de faire un relevé de tous les navires perdus ou démolis pendant les dernières années. Après des recherches considérables nous avons rayé de notre registre *douze cents navires* qui ne paraîtront pas dans notre édition de 1846. Le registre *Integritas* copie ces douze cents navires en les cotant d'après leur âge comme s'ils existaient au 1er SEPTEMBRE 1845, et il reproduit également un grand nombre de navires qui figurent au registre anglais quoiqu'ils n'existent plus depuis longtemps. Cela réduit de beaucoup le chiffre de 27,321 navires contenus dans le registre *Integritas*, et auquel M. Morel paraît tenir tant.

Quelques exemples donneront une idée de l'intelligence avec laquelle M. Morel a copié le Registre *Veritas* :

L'*Accéléré*, cap. Faure ; *la Caroline*, cap. Christensen ; l'*Elmina*, cap. Baak ; l'*Osceola*, cap. Milliken, et *la Victoria*, cap. Holmud etc., étaient cotés dans notre registre de 1840-41 3 T. 1. 1. comme se trouvant en bon état et n'ayant qu'un ou deux ans de construction. Ces cinq navires *se sont perdus totalement en* 1840 *et en* 1841 ; mais nous les avons laissé figurer parmi nos renseignements, dans le but que nous avons expliqué plus haut. M. Morel les reproduit tous et leur donne, d'après son système, la cote des navires de 5 et 6 ans, c'est-à-dire la quatrième classe, comprenant les navires qui délivrent presque toujours leur cargaison en état d'avaries, ainsi qu'il l'explique dans son avertissement.

Citons maintenant quelques erreurs empruntées au *Veritas*, par M. Morel, qui aurait bien pu les apercevoir avec un peu de discernement.

Le PREMIER navire qui figure dans son registre (on voit que nous n'avons pas dû aller loin) est l'A.1. qu'il a malencontreusement copié dans notre 3ᵉ supplément ; ce bâtiment se nomme l'I, capitaine Meau, comme notre 4ᵉ supplément, nᵒ 41, l'a rectifié, et comme M. Morel l'a rectifié après nous.

A la page nᵒ 305 du registre une faute typographique nous fait dire *Emilie et Sazarine* (au lieu de *Lazarine*), M. Morel met d'abord, comme nous, Sazarine ; nous rectifions cette erreur dans notre supplément de juillet, M. Morel l'a rectifiée à son tour dans son supplément.

M. Morel a copié, toujours dans le *Veritas*, plusieurs navires faisant double emploi de la manière la plus évidente : *Arthur*, capitaine Corchuan et *Jeune Arthur*, capitaine Corchuan ; *Kleber*, capitaine Moreau et *Général Kleber*, capitaine Moreau ; *Bon Secours*, capitaine Millon et *Bon Secours*, capitaine Papin ; *Fermica* et *Formica*, etc., etc. Toujours, d'après nous, il fait du navire le *Chic*, l'*Ehic ;* du *Squale*, l'*Esquale ;* de la *Joliette*, la *Juliette ;* il fait de l'*Algérie*, capitaine Fontes, et de l'*Algérie*, capitaine Fournaire, un seul et même navire (ils sont tous deux du même tonnage et de la même année de construction). Toutes ces erreurs ont été rectifiées dans nos derniers suppléments.

Enfin M. Morel donne, en 1845, de nouveaux capitaines, annoncés à dessein, dans un supplément, à des navires démolis depuis *trois ans* (*l'Assomption*, c. *Aubree*).

Nous lui demanderons encore comment il a pu savoir que le *Robert et James*, de Nantes, *qui n'existe pas*, est commandé par le capitaine Guibert, et fait la navigation d'Espagne (1)?

Voilà ce que M. Morel appelle un *perfectionnement* du Registre *Veritas*, et pour justifier ce droit qu'il s'arroge de nous perfectionner, il parle à tout instant de son expérience des affaires et surtout de la connaissance parfaite qu'il a de TOUS LES NAVIRES.

Ainsi que nous l'avons dit plus haut, des recherches fort laborieuses nous ont permis de rayer de notre registre plus de 1,200 navires qui ne figureront plus dans l'édition qui est sous presse en ce moment. Cette nouvelle édition contient plus de 6,000 changements au tonnage des navires (afin de substituer le tonnage de douane au tonnage d'appréciation de nos experts), et nous y avons porté, en outre, une foule de changements aux ports d'armement, d'armateur, etc. Le registre *Veritas* de 1846 sera donc entièrement refondu. Aussi pourrons-nous, au besoin, fournir contre M. Morel plusieurs milliers de preuves de contrefaçon.

Les faits que nous venons de citer prouvent que si des inexactitudes se glissent parfois dans notre ouvrage, elles ne touchent en aucune façon la cote des navires, et ne peuvent que très rarement induire nos abonnés en erreur. Il ne faut pas perdre de vue que nos renseignements nous

---

(1) M. Morel, signalant quelques erreurs qu'il a trouvées dans le *Veritas*, pour prouver la supériorité de son registre, prétend que *la Minerva*, capitaine Brix, et *la Minerve*, capitaine Neuts de Bruges, ne font qu'un seul navire; cette fois encore, nous pourrons lui prouver qu'il se trompe. Nous lui dirons en même temps (puisqu'il l'ignore et qu'il veut s'en faire une arme contre nous), que des navires appartenant aux ports de Contantinople, Smyrne, etc., naviguent, quoi qu'il en dise, sous pavillon russe ou grec. Il saura pourquoi lorsqu'il aura des experts dans ces parages.

sont fournis par des capitaines-experts de différentes nations, qui nous écrivent en différentes langues, et c'est ce qui cause parfois dans l'orthographe des noms propres, des inexactitudes qui peuvent bien, en définitive, nous échapper quelquefois, malgré les nombreux moyens de contrôle que nous possédons. Au surplus, les erreurs de ce genre deviendront elles-mêmes fort rares, lorsque nous aurons achevé d'introduire la plus grande uniformité dans le travail de nos capitaines-experts.

Nous pensons en avoir dit assez pour ne laisser subsister aucune des calomnies que M. Auguste Morel a voulu accréditer contre nous, et donner la mesure de la confiance que l'on peut accorder à son registre ; ce que nous pourrions dire encore, nous le réservons pour notre défense devant les Tribunaux, qui auront à juger si la reproduction d'un ouvrage sous une autre forme, mais dans une intention de concurrence déloyale, ne constitue pas le délit de contrefaçon (1).

Les gérants,

Charles BAL.   Guillaume VAN DEN BROEK.

---

(1) Voici une question qui n'est pas du ressort des Tribunaux, mais que nous soumettons à l'appréciation de nos abonnés : M. Morel a signé comme tous nos abonnés, l'engagement *d'honneur* de ne pas communiquer nos renseignements, et il les livre à l'impression, après avoir souscrit dans ce but pour plusieurs exemplaires. Enfin, il se hâte de faire paraître sa contrefaçon avant le mois de septembre, après l'avoir annoncée longtemps à l'avance, parce qu'il sait que nos abonnés n'ont que jusqu'au 1er octobre pour renoncer à leur abonnement de l'année suivante.

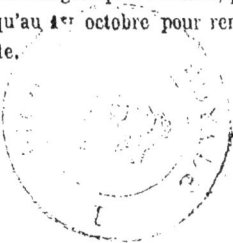

47

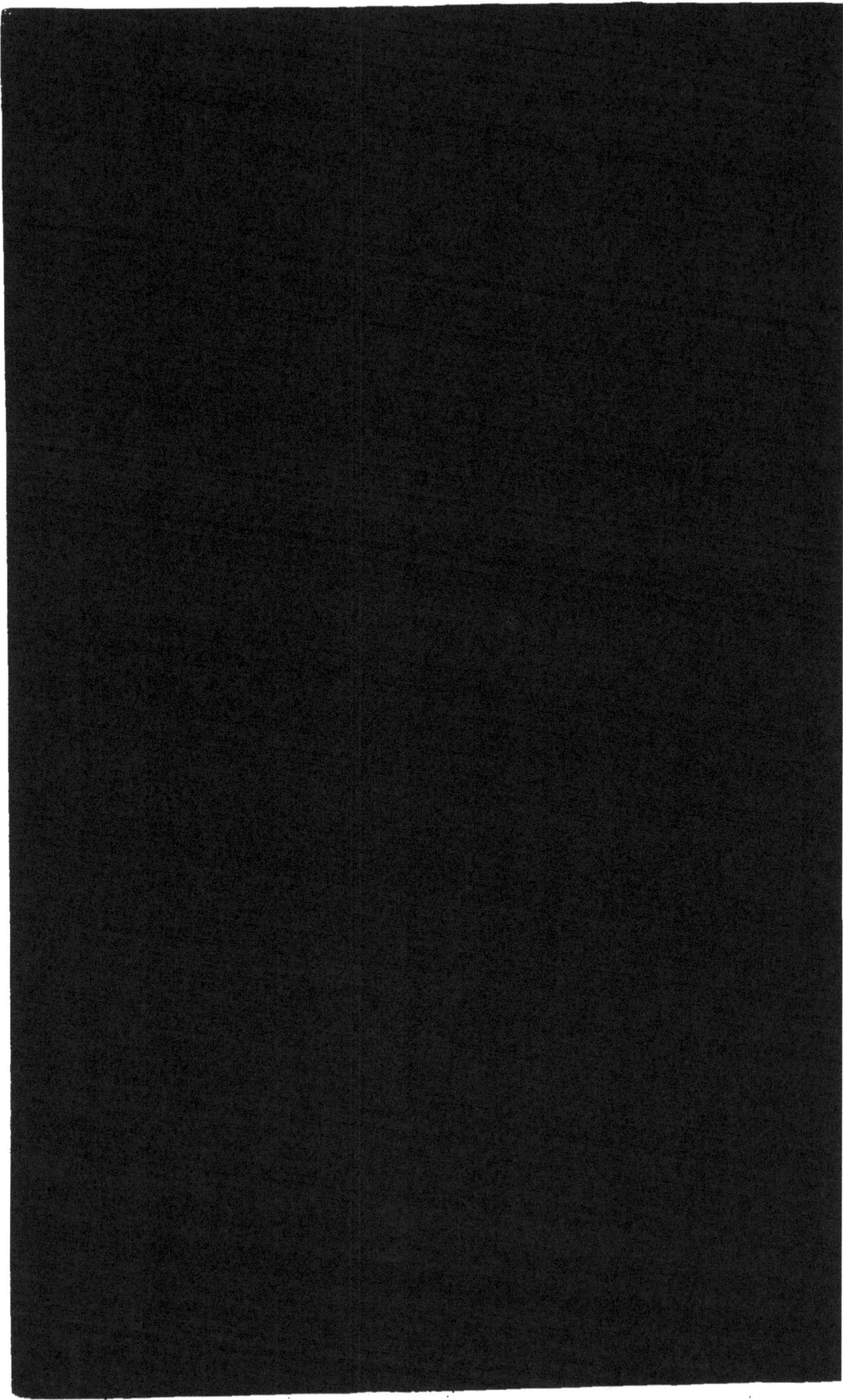